BEI GRIN MACHT SICH IHR WISSEN BEZAHLT

- Wir veröffentlichen Ihre Hausarbeit,
  Bachelor- und Masterarbeit

- Ihr eigenes eBook und Buch -
  weltweit in allen wichtigen Shops

- Verdienen Sie an jedem Verkauf

Jetzt bei www.GRIN.com hochladen
und kostenlos publizieren

Thomas Körner

Der Klimawandel in den Alpen. Auswirkungen und Bedeutung für den Tourismus

GRIN Verlag

Bibliografische Information der Deutschen Nationalbibliothek:

Die Deutsche Bibliothek verzeichnet diese Publikation in der Deutschen National-
bibliografie; detaillierte bibliografische Daten sind im Internet über http://dnb.d-
nb.de/ abrufbar.

Impressum:

Copyright © 2012 GRIN Verlag GmbH
Druck und Bindung: Books on Demand GmbH, Norderstedt Germany
ISBN: 978-3-656-89198-7

Dieses Buch bei GRIN:

http://www.grin.com/de/e-book/288957/der-klimawandel-in-den-alpen-auswirkun-
gen-und-bedeutung-fuer-den-tourismus

Ludwig-Maximilians-Universität München
Institut für Geowissenschaften
Department für Geographie
Hauptseminar: Hochgebirge der Erde
Sommersemester 2012

Die Auswirkungen des Klimawandels auf die Alpen

Thomas Körner

Inhaltsverzeichnis

Abbildungsverzeichnis

1. Vorbemerkung

Dass der Klimawandel derzeit stattfindet, bestreitet wohl niemand mehr. Es ist zu beobachten, dass sich die Wetterextreme in globaler Sicht häufen. Dabei gehören mediale Meldungen über extreme Niederschläge, Stürme oder ausgeprägte Trockenperioden faktisch schon zum Alltagsgeschehen, was auch durch die Sachstandsberichte des IPCC (Intergovernmental Panel on Climate Change) bestätigt wird (vgl. Mahammadzadeh et al. 2009, S. 9).

Klimaforscher aus aller Welt sagen, derzeit voraus, dass die Atmosphäre durch ihre Erhitzung vermehrt Feuchtigkeit aufnehmen können wird und das Klima der Erde demnach feuchter werden wird. Desweitern wird von Experten prognostiziert das sich die Klimazonen der Erde polwärts verschieben werden. Daraus leiten die Wissenschaftler ab, dass sich gerade für den süddeutschen Raum eine Mediterranisierung des Klimas ergeben könnte (vgl. Hutter /Link 2006, S. 7).

Generell gibt es Gewinner und Verlierer im Kontext der globalen Klimaerwärmung. Das Deutsche Institut für Wirtschaftsforschung (DIW) errechnete im Jahre 2007, ausgehend von einem globalen Oberflächentemperaturanstieg von 4,5 °C bis zum Jahre 2100, dass dies Kosten von insgesamt 170 Milliarden € zur Anpassung an den Klimawandel allein in Deutschland verursachen könnte (vgl. Mahammadzadeh / Biebeler 2009, S. 5).

Demnach scheint es nicht verwunderlich, dass auch Deutschland den durch den vermehrten Ausstoß von Treibhausgasen der Menschen verursachten Klimawandel versucht einzudämmen. Das Ziel der Deutschen ist es, bis 2020 den Ausstoß der Treibhausgase um 40 Prozent gegenüber dem Jahr 1990 zu reduzieren (vgl. Mahammadzadeh et al. 2009, S. 9).

In der vorliegenden Arbeit soll nun geklärt werde, welche Auswirkungen der Klimawandel auf das Hochgebirge Alpen hat. Auf physisch-geographischer Ebene wird der Fokus auf den Einfluss des Klimawandels auf die Entwicklung der Alpengletscher gelegt, während in anthropogeographischer Hinsicht die Auswirkungen der globalen Erwärmung auf den in den Alpen sehr bedeutenden Tourismus im Mittelpunkt stehen.

Zunächst soll aber der Alpenraum an sich hinsichtlich seiner reliefartigen, geologischen, pedologischen und klimatischen Gegebenheiten erläutert und auch eingegrenzt werden, bevor mit der Darstellung der Auswirkungen des Klimawandels auf den Alpenraum begonnen wird.

Die Alpen dienen in der Arbeit als Untersuchungsgegenstand, da sie als touristische Destination und im Hinblick auf das naturräumliche Potential innerhalb Europas von herausragender Bedeutung sind.

2. Naturraum Alpen

Bevor auf das eigentliche Thema der Arbeit eingegangen wird, muss die Alpenregion zuerst einmal abgegrenzt werden. Abbildung 1 zeigt eine Karte der gesamten Alpenregion. Es ist deutlich zu sehen, dass sie den Süden Europas gänzlich vom Norden abschneiden.

Abb. 1: Europa politisch. Die Grenzen der Alpen wurden rot markiert. (Bildungsserver Hamburg 2010)

Im Folgenden werden die Alpen definiert als

„Teil des jungen alpidischen Faltengebirgsgürtels. Sie markieren als Hochgebirge sowohl klimatisch als auch historisch eine Grenze zwischen Mittel- und Südeuropa. Während sie im Süden zur Poebene scharf begrenzt sind, haben sie im Norden ein relativ breites Vorland, dessen Grenze etwa durch Donau und Aare markiert wird. Für den Alpenraum ist die Verbindung von 4 Massiven sowie aus gefalteten und verschobenen Gesteinsdecken charakteristisch. Erstere sind aus den Schwellen des Geosynklinalmeeres entstanden, letztere aus dessen Trögen. Die Westalpen werden aus Massiven wie dem Montblancmassiv aufgebaut. In der Schweiz bilden sie zwei Zonen, die durch das Längstal der Rhone getrennt sind (u. a. Aaremassiv, Gotthardmassiv). Die Ostalpen bestehen aus drei Gebirgsketten: den Nördlichen Kalkalpen, den Zentralalpen (Tauern) und den Südlichen Kalkalpen; getrennt werden sie jeweils durch Längstäler (Inn, Salzach, Enns, Drau. "(Diercke online 2011).

Laut der Abgrenzung durch die Alpenkonvention umfassen die Alpen eine Fläche von 190.912 km², die von ca. 13 Millionen Menschen bewohnt wird, und erstecken sich über insgesamt acht Staaten: Deutschland, Schweiz, Österreich, Frankreich, Italien, Lichtenstein, Monaco und Slowenien (vgl. Cipra Alpenkonvention 2011).

Um den tatsächlichen Einfluss des Klimawandels auf die Alpen genauer analysieren zu können, muss vorher der Naturraum Alpen untersucht werden. Wie schon erwähnt wurde, sind die Alpen ein Hochgebirge, das die Grenze zwischen Mittel- und Südeuropa markiert. Die Alpen entstanden im Oligozän und Miozän als Folge der langsamen Stauchung und Schließung des Urmeers Tethys durch die Verschiebung Afrikas in Richtung Norden. Im Zuge der Annäherung Afrikas und Eurasiens wurden Schichten von Sandstein, Schieferton, Kalkstein und Dolomit, die sich in dem flachen Tethysmeer abgelagert hatten, zusammengeschoben und angehoben. Durch den hohen Druck wurden Falten von ihrer Unterlage weggerissen und zu schrägen Überschiebungsflächen übereinander geschoben (vgl. Coenraads 2007, S. 240).

Durch Eiszeiten wurde diese Landschaft weiter überformt. Dabei ist für das heutige Bild der Alpen vor allem die Würm-Eiszeit landschaftsprägend, die den Zeitraum von 115.000 bis 10.000 Jahre vor heute einnahm und 20.000 Jahre vor heute ihren Höhepunkt erreichte. Die eiszeitlichen Spuren dieser Kaltzeit wurden nicht von weitern Gletschern ausgeschürft oder von deren Sedimenten überlagert, daher ist diese genaue Datierung möglich. Durch den Einfluss der Vergletscherung, während der Eiszeit, wurden die heutigen Täler ausgebildet, Moränenlandschaften und glaziale Sonderformen, die das heutige Bild der Alpen prägen, entstanden (vgl. Pfiffner 2009, S. 325 ff.).

Dies alles beeinflusst die heutige Zusammensetzung der Landschaften, der Geologie und Böden, des Reliefs und des Klimas in den Alpen. Es ist schwierig all diese naturräumlichen Eigenschaften der Alpen kurz zusammen zu fassen. Im Folgenden wird ein allgemeiner Überblick gegeben.

2.1 Gliederung und Relief der Alpen

Die Alpen lassen sich auf verschiedene Art und Weise gliedern. Zum einen im Hinblick auf die Nord-Süd-Verteilung, aus der sich im Wesentlichen drei große Teile ergeben. Zum einen gibt es die Zentralalpen, die im Zentrum des Alpengebietes liegen. Daran schließen sich im Norden und im Süden die Kalkalpen. Die dritte Großlandschaft sind die Gebiete zwischen diesen beiden Großteilen, für die es aber keinen einheitlichen Namen gibt (vgl. Hammer 2009, S.6).

Der gesamte Gebirgskörper erstreckt sich von Nizza nach Wien, wobei im Inneren des Alpenbogens die Po-Ebene zu finden ist, welche sich durch ein geringes Relief auszeichnet. Außerhalb des Gebirgsbogens befinden sich schmale, reliefarme Becken, nämlich der Rhone-Bresse-Graben im Südwesten, der Rhein-Graben im Norden und das Becken von Wien im Osten (vgl. Pfiffner 2009, S. 25).

Im Hinblick auf die Längserstreckung der Alpen unterscheidet man zwischen Westalpen, Zentralalpen und Ostalpen. Der Verlauf der Ostalpen ist im Wesentlichen die Ost-West-Richtung, wobei die Ostgrenze etwa auf der Linie St. Margrethen-Chur-Sondrio liegt. Die Zentralalpen zeichnen sich durch ihre ihren Nord-Süd-Verlauf aus, genauso wie die Westalpen. Zusätzlich dazu werden die Alpen auch in tektonische Einheiten unterteilt, wobei sich die Zugehörigkeit durch den Ablagerungsbereich der mesozoischen Sedimente dieser Einheiten definiert. Solche verschiedenen Einheiten tragen beispielsweise die Namen Helvetikum, Penninikum oder Ostalpin (vgl. ebd., S. 25 f.).

2.2 Geologie und Böden der Alpen

Der Bereich, der dem europäischen Kontinentalrand und einem externen Bereich der Alpen zugehörig ist, bezeichnet man als Helvetikum. Dieser Bereich ist im Westen bzw. Osten aufgeschlossen. Der zweite Gesteinsgürtel wird als Penninikum bezeichnet und liegt eher im östlichen bzw. südlichen Bereich der Alpen. Der innerste, gegen die Poebene gerichtete Gesteinsgürtel wird als Ostalpin und Südalpin bezeichnet, wobei dieser Gürtel dem adriatischen Kontinentalrand zugehörig ist. Im Allgemeinen liegt das Penninikum auf dem Helvetikum und das Ostalpin auf dem Penninikum. Das Ostalpin nimmt fast vollständig den östlichen Teil der Alpen ein, während es durch das periadriatische Bruchsystem vom Südalpin und den Dolomiten abgegrenzt wird. Begrenz werden die Alpen durch känozoische Becken, die sich im Norden der Alpen als Molassebecken von Wien bis ins schweizerische Mittelland erstrecken. Im Süden der Alpen schließt sich das Po-Becken an (vgl. Pfiffner 2009, S. 25 ff.). Die Gesteine in den Zentralalpen, alte Massive, sind zum größten Teil sehr harte Gesteine, beispielsweise kristalline Gesteine, Gneise und Granite. Diese Gesteine zerfallen durch ihre morphologische Härte nur äußerst langsam und bilden somit nur äußerst schleppend einen Boden mit saurer Humusdecke. Menschen bieten sie also nur wenige Nutzungsmöglichkeiten, zur Landwirtschaft sind diese Böden selten geeignet. Zudem sind die Zentralalpen durch ihre Höhe schlecht zu besiedeln (vgl. Bätzing 2005, S. 27).

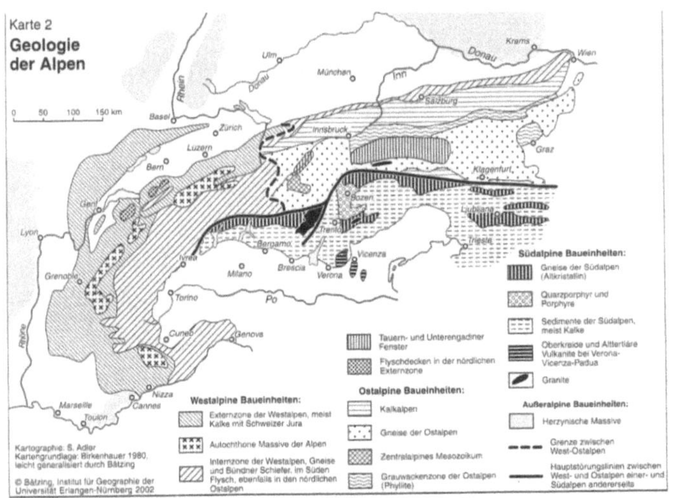

Abb. 2: Geologie der Alpen (Bätzing 2005, S. 28)

In den sich den Zentralalpen anschließenden Tälern und Grasbergen sind Sedimentgesteine vertreten. Diese treten sowohl als hartes Gestein, Kristalline und Kalke, als auch als weiches Gestein, Bündner Schiefer und Flysch, auf. Die weichen Gesteine weisen eine sehr gute Bodenbildung auf und bilden tiefgründige alkalische Karbonatböden, die sehr gut nutzbar für den Menschen sind. Die leichte Zersetzbarkeit und die Weichheit dieses Gesteins beinhalten jedoch auch Nachteile. Der Boden erodiert schnell und ist so eine Gefahr für den Menschen. Diese inneralpinen Täler sind für anthropogene Nutzung gut geeignet und sind somit Hauptsiedlungsgebiete in den Alpen (vgl. ebd., S. 28).

Die äußeren Kalkalpen, die sich an dieses Gebiet anschließen sind ein Gebiete mit Kalkböden. Diese sind für den Menschen nicht besonders attraktiv, weder für Landwirtschaft noch für Besiedelung. Am Alpenrand herrschen weiche Gesteine und durch Moränenlockermaterial gebildete Gesteine und Böden vor. Diese günstigen Böden und die Tiefe der Gebiete ist wiederum sehr günstig für eine anthropogene Nutzung (vgl. ebd., S. 28 f).

2.3 Klima der Alpen

Die klimatischen Verhältnisse der Alpen sind, aufgrund der weiten Ausdehnung und der großen Höhenunterschiede innerhalb der Region, nur sehr schwierig zu beschreiben.

Im Folgenden stütze ich mich auf den Formenwandel nach Lautensach, den Bätzing in seiner Publikation von 2005 zur Beschreibung des Alpenklimas verwendet. Er beschreibt das Klima durch die Darstellung von vier Formenwandel.

Der *hypsometrische Formenwandel* zeichnet sich dadurch aus, dass man, je höher man im Alpenraum kommt, desto geringer wird die Durchschnittstemperatur, desto geringer wird die Vegetationszeit und desto höher wird der Niederschlag, der mit steigender Höhe als Schnee fällt. Je höher man kommt, desto intensiver wird auch die Sonneneinstrahlung, was den Temperaturunterschied zwischen Schatten und Licht größer werden lässt (vgl. Bätzing 2005, S. 34).

 Der zweite Formenwandel ist der *peripher-zentrale Wandel*. Die Alpen zwingen durch ihre Höhe Wolkenmassen vom Atlantik oder vom Mittelmeer zum Aufsteigen und Abregnen. Durch diese Eigenschaft ist der Niederschlag in dem gesamten Alpenraum besonders hoch. Im Alpeninnern ist es dagegen trocken mit einer hohen Sonnenscheindauer, da sich die Wolken bis dahin schon abgeregnet haben. Schnee und Waldgrenze liegen hier deutlich höher als in den äußeren Alpenregionen. Das äußere Klima ist also eher maritim, das innere Klima ist eher kontinental geprägt (vgl. ebd., S. 34 f.).

Der dritte ist der *planetarische Formenwandel*, der den klimatischen Unterschied des warmen Südens und des kalten Nordens beschreibt. Im Süden grenzen die Alpen an ein mediterranes Klima mit Niederschlagsmaximum im Winter, im Norden grenzen sie dagegen an ein kühlgemäßigtes Klima mit ganzjährigen Niederschlägen mit Maximum im Sommer. Dies beeinflusst das Klima in den südlichen und nördlichen Alpen noch zusätzlich (vgl. ebd., S. 35).

Der letzte ist der *westöstliche Formenwandel*. Die weite West- Ost Erstreckung der Alpen hat zufolge, dass die Alpen auch von dem westlich ozeanisch und nach Osten immer kontinentaler werdenden Klima beeinflusst werden. Dadurch sind die Westalpen feuchter und die Ostalpen kontinentaler. Durch den Einfluss des Mittelmeers im Süden setzt sich diese Kontinentalität erst im äußersten Osten der Alpen durch (vgl. ebd., S. 36).

Die innenalpinen Trockenzonen und die südlichen mediterran beeinflussten Gebiete sind aufgrund der hohen Sonneneinstrahlung und milden Temperaturen besonders für Landwirtschaft und andere anthropogene Nutzung geeignet. Das Klima der Alpen hängt also von sehr vielen verschiedenen Faktoren ab, die aufeinandertreffen und miteinander wirken. Dadurch erklärt sich wieso das Klima der Alpen so sensibel auf den Klimawandel reagiert (vgl. ebd., S. 36).

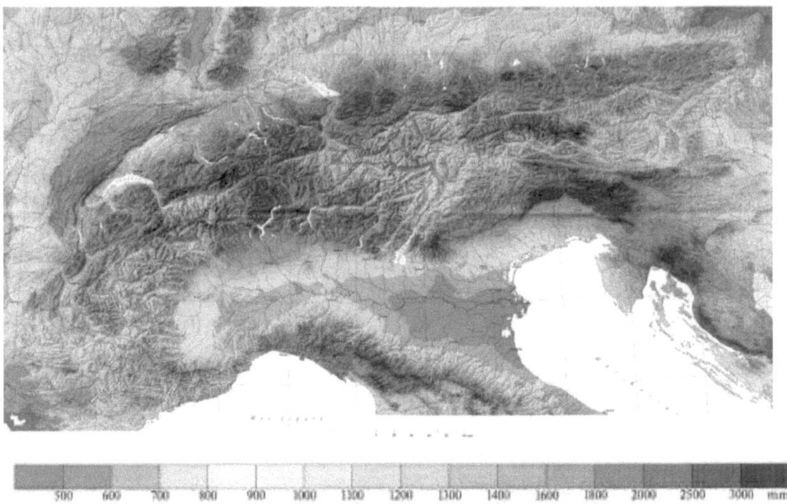

Abb. 3: Niederschlagsverteilung im Alpenraum (Job 2012, S. 31)

3. Klimawandel und sein Einfluss auf die Alpenregion

3.1 Klimawandel in den Alpen

Das Klima der Erde schwankt seitdem die Erde existiert. Neu ist nur, dass der Mensch als weiterer Klimafaktor hinzugekommen ist und das Klima mit beeinflusst. Da die Menschheit von dem Klima abhängig ist, haben Klimaänderungen gravierende Folgen und werden deshalb vom Menschen genau untersucht. In Deutschland ist die Temperatur seit 1900 um ca. 1°C des jährlichen Mittels angestiegen. Dabei sind die Niederschläge im Sommer zurückgegangen, im Winter zeigt sich ein Anstieg des Niederschlags von 19% seit 1900 (vgl. Gebhardt 2007, S. 251).

Bergregionen, welche ca. 20 Prozent der globalen Landflächen ausmachen, enthalten eine Vielzahl von wertvollen Ökosystemen mit gewaltigem Artenreichtum. Im Speziellen die Alpen verhalten sich gegenüber Klimaveränderungen sehr sensibel. Während sich in Deutschland die Temperatur ab 1900 zwischen 0,9 und 1° C erhöhte, so erhöhte sich die Temperatur in den Alpen um ca. 1,5 ° C, was hauptsächlich auf die Reduktion der Schneedecke und weitere Rückkopplungseffekte zurückzuführen ist (vgl. Bundesministerium für Umwelt, Naturschutz und Reaktorsicherheit 2008, S. 12).

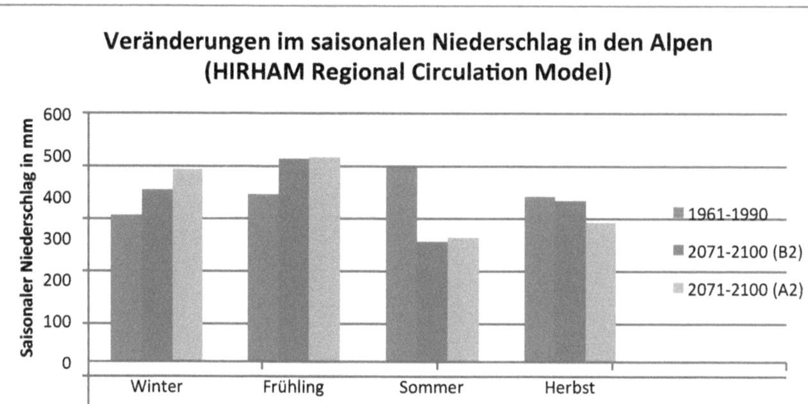

Abb. 4: Veränderungen im saisonalen Niederschlag in den Alpen (Bundesministerium für Umwelt, Naturschutz und Reaktorsicherheit 2008, S. 16, eigene Darstellung)

Die genauen Ursachen für diese Erwärmung sind nur schwer zu erforschen. Dabei wird zwischen internen Wechselwirkungen und externen Einflüssen unterschieden. Interne Wechselwirkung sind z.B. die gesamte atmosphärische Zirkulation, Wechselwirkungen mit Ozeanen, Eis und Vegetation. Der externe Einfluss ist primär die Sonneneinstrahlung (vgl. ebd., S. 251).

Zudem greift nun auch der Mensch in das Klima ein, z.B. durch Treibhausgase, Kohlendioxid (CO_2), Methan (CH_4), Lachgas (N_2O), Ozon (O_3) und FCKW, die den natürlichen Treibhauseffekt verstärken, Waldrodung und Versiegelung von Flächen. Dass der Mensch das Klima, insbesondere durch den anthropogenen Treibhauseffekt, beeinflusst, wird in der Wissenschaft mittlerweile als weitestgehend erwiesen angesehen. So schreibt die IPCC (Intergovernmental Panel on Climate Change) in ihrem Report on Renewable Energy Sources and Climate Change Mitigation von 2012: *"The AR4 concluded that "Most of the observed increase in global average temperature since the mid-20th century is very likely due to the observed increase in anthropogenic greenhouse gas concentrations. Concentrations of CO2 have continued to grow since the AR4 to about 390 ppm CO2 or 39% above pre-industrial levels by the end of 2010."* (IPCC 2012, S. 168)

Regionale Klimaszenarien gehen davon aus, dass in den Regionen Österreichs, in denen der Wintertourismus stattfindet, ein Temperaturanstieg von 3 - 4 Grad zu erwarten ist (vgl. Seiler 2006, S. 29).

Abbildung 3 zeigt die wahrscheinliche Temperaturänderung bis 2048 in Österreich.

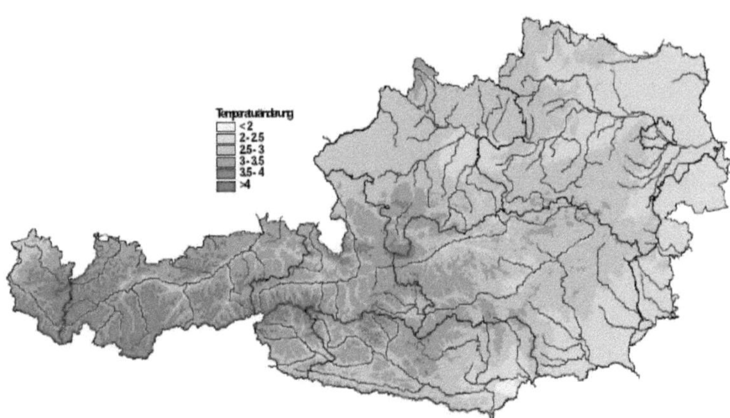

Abb. 5: Temperaturveränderungen in Österreich in °C, 2019-2048 vs. 1961-1990 (Kromp-Kolb 2006, S. 104)

Ausgehend von verschiedenen Klimamodellen scheint es relativ sicher, dass es zu einer Verlagerung der Niederschläge vom Sommer in den Herbst und Winter hinein kommen wird. Bei einer weiteren Zunahme der Temperatur kommt es zu einer Steigerung des Wasserdampfgehalts in der Atmosphäre, welcher als Treibhausgas eine weitere Erwärmung bewirkt und somit Veränderungen in der Niederschlagsintensität und Verteilung des Niederschlags bedingt. Es wird vermutet, dass gebirgiger Niederschlag stärker anwachsen wird, da die sehr feuchte Luft vor Gebirgen aufsteigen muss, dann kondensiert und schließlich abregnet. Die Resultate des Kooperationsvorhabens Klimaänderung und Wasserwirtschaft KLIWA für Bayern und Baden-Württemberg errechneten eine Veränderung der Niederschlagsverteilung innerhalb eines Jahres seit 1931 und erhielten als Resultat, dass der Sommer in den Alpen trockener wurde und der Winter feuchter. Zudem es vermehrt zu Starkniederschlägen im Herbst und Winter in Alpenregionen kam. Dies führt bei gletscher- und schneegespeisten Flüssen zu einem früheren und erhöhten Abfluss im Frühjahr, sowie zu einer früheren Schneeschmelze und niedrigem Abfluss in den Sommermonaten (vgl. Bundesministerium für Umwelt, Naturschutz und Reaktorsicherheit 2008, S. 14-16).

Die Alpen reagieren aus verschiedenen Gründen empfindlicher auf den Klimawandel. Einmal begegnen Landflächen den Temperaturveränderungen sensibler als vom Meer beeinflusste Regionen. Durch die Erwärmung geht außerdem die Schnee und Eisbedeckung der Alpen zurück. Die Albedo, also das Rückstrahlungsvermögen von Solarstrahlung, von Schnee liegt bei 75-95 % bei Neuschnee, 40-70 % bei Altschnee und bei 20-45% bei Gletschern. Aber nur bei 10-40% bei Gestein, 15-35% bei Grasland und landwirtschaftlichen Kulturen, 10- 20% bei Mischwäldern und sogar nur 5-12% bei Nadelwäldern (vgl. Schönwiese 2008, S. 122).

Diese Zahlen sollen verdeutlichen, dass die Alpen sich ohne ihre Schneedecke sehr viel schneller aufheizen, weil nicht so viel Solarstrahlung reflektiert werden kann wie vorher. Ein dritter Grund für die schnellere Erwärmung der Alpen ist die Topografie des Gebirges. Die steilen Hänge bieten der Sonne einfach eine größere Heizfläche. In Abbildung 5 sieht man, dass die stärkste zu erwartende Erwärmung von über 4 °C in dem gebirgigsten Teil Österreichs erreicht wird. Ein Grund ist ebendiese Topografie, die eine Erwärmung unterstützt (vgl. Seiler 2006, S. 29).

Im Hinblick auf zukünftige Wetterextremereignisse bleibt noch zu erwähnen, dass Hitzewellen wie im Jahre 2003 in Zukunft zunehmen werden, wodurch Mitteleuropa am Ende des 21. Jahrhunderts genauso viele Hitzetage vorweisen können wird wie Südeuropa. Zudem führt eine wärmere Atmosphäre zu einer Zunahme von Starkniederschlagsereignissen mit 30 mm und mehr pro Tag. Insgesamt steigt die Wahrscheinlichkeit von sehr hohen saisonalen Niederschlägen um den Faktor zwei bis fünf in den nächsten 50 bis 100 Jahren, wodurch Hochwasserereignisse in Zukunft deutlich zunehmen werden (vgl. Bundesministerium für Umwelt, Naturschutz und Reaktorsicherheit 2008, S. 20).

3.2 Auswirkungen des Klimawandels

3.2.1 Auswirkung auf die Natur

Zuerst soll geprüft werden inwiefern sich der Klimawandel auf die Wälder der Alpen auswirkt. Vor allem die Temperaturerhöhung, aber auch die veränderte Niederschlagsverteilung und das erhöhte Waldbrandrisiko wirken auf die Wälder ein. Es wird vermutet, dass es bei einer Temperaturerhöhung von 1° C bis 1,4° C zu einer Veränderung des Klassifikationstyps des Schweizer Waldes von 30 bis 55 % und bei einer Erwärmung von 2° C bis 2,8° C zu einer Veränderung von 55 bis 89 % kommen könnte. Generell wird davon ausgegangen, dass die sich die Biodiversität in den Wäldern in Zukunft steigern wird. Allerdings kann das häufige Auftreten von heißen und trockenen Sommern die Baumdiversität in den Wäldern verringern. Feuer wird in Zukunft eine herbe Bedrohung für die alpinen Wälder darstellen, genauso wie das gesteigerte Vorkommen von Stürmen, welche die Ertragsfähigkeit der Wälder beeinträchtigen. Wälder könnten vermehrt zu C-Quellen statt C-Senken werden, wenn sie durch Absterben der Bäume mehr CO_2 freisetzen als binden. Insgesamt werden die Auswirkungen des Klimawandels auf die Wälder der Alpen sowie ihrer

Schutzfunktion vor Naturkatastrophen erhebliche Folgen haben (vgl. Bundesministerium für Umwelt, Naturschutz und Reaktorsicherheit 2008, S. 36 ff.).

Der Klimawandel hat entscheidenden Einfluss auf die alpine Vegetation hinsichtlich Wachstumsprozesse und Verbreitungsgrenzen. Es wird vermutetet, dass sich speziell gravierende Veränderungen im Bereich der alpinen Stufe oberhalb der Waldgrenze ergeben könnten, da Pflanzenarten aus tieferen Lagen immer höher dringen werden und die Pflanzen der alpinen Stufe weiter nach oben aufsteigen müssen, wo sie schließlich aussterben könnten.

Eine Studie ergab, dass die Frühjahrereignisse von Flora und Fauna pro Dekade 2,3 Tage früher einsetzen und dass sich die Verbreitungsgrenzen pro Dekade um 6,1 km in Richtung Pole verschieben. Insgesamt könnte zu einer Verschiebung der Höhenstufen kommen (vgl. Erschbamer 2006, S. 15 f.).

Im Bezug auf die Landwirtschaft in den Alpen können nur sehr verhalten Prognosen erstellt werden. Allerdings dürften sich hauptsächlich die extremen Wetterereignisse negativ auf die Landwirtschaft auswirken. Die Hitzewelle von 2003 zum Beispiel führte zu einer Reduktion des Nettoeinkommens der Schweizer Bauern um elf Prozent oder 500 Millionen Schweizer Franken. Diese Ernteausfälle könnten im Zuge der Häufung von Dürreperioden immer öfter vorkommen. Demgegenüber könnte auch das verstärkte Auftreten von Starkniederschlägen zu einer vermehrten Erosion vom nährstoffhaltigen Oberboden führen (vgl. Bundesministerium für Umwelt, Naturschutz und Reaktorsicherheit 2008, S. 38).

In Folge des Klimawandels gibt es immer mehr Naturkatastrophen in den Alpen. Naturkatastrophen werden meist erst dann als solche gesehen, wenn durch ihre Folgen Menschen gefährdet sind. Naturkatastrophen der letzten Jahre sind beispielsweise extreme Niederschläge mit Murabgängen und Hochwasser, z.B. im August 2002 am Nordrand der Ostalpen, aber auch Bergstürze, z.B. am 28. Juli 1987 im Veltlin als größter Bergsturz seit mehreren Jahrhunderten, der ein Dorf zuschüttete und die Adda zu einem See aufstaute. Zudem auch Lawinenwinter und Stürme, z.B. im Jahre 1999 der Sturm Lothar mit Schwerpunkt in der Schweiz (vgl. Bätzing 2005, S. 249).

Die Häufung dieser Ereignisse ist auf den Klimawandel zurückzuführen. Durch die Erwärmung in den Alpen taut der Permafrostboden in Gebirgslagen langsam auf. Somit verlieren Boden und Gestein eine wichtige Kitsubstanz, sind lockerer und können ausbrechen und ins Tal fallen bzw. rutschen, wodurch Murabgänge häufiger vorkommen werden. Dies ist eine Gefahr für Siedlungen, aber auch für das Verkehrsnetz in den Alpen. Ganze Straßenabschnitte können wegrutschen und Menschen damit in erhebliche Gefahr bringen. Außerdem wird der Niederschlag im Zuge des Klimawandels in den Alpen tendenziell eher abnehmen, doch die Extremereignisse mit hohen Niederschlagsmengen innerhalb kürzester Zeit nehmen zu (vgl. Seiler 2006, S. 33).

Dazu kommt das immer stärker werdende Abschmelzen der alpinen Gletscher, was durch die erhöhten Temperaturen zustande kommt. Beide Faktoren führen zu Hochwasserereignissen und zu dadurch entstehenden Naturgefahren. Täler werden geflutet und es kommt zu gefährlichen Erdrutschen. Auch Hitzewellen werden häufiger und schaden Land und Forstwirtschaft. Besonders gefährlich ist das Zusammenspiel der durch den Menschen hervorgerufenen Landschaftsschäden durch Skitourismus und dergleichen und der veränderten Klimabedingungen. Die durch Winter- und Sommertourismus hervorgerufenen Schäden des Bodens können im Zusammenspiel mit heftigen Niederschlagsereignissen erst wirklich gefährlich werden. Die Vegetation des Bodens wird durch Skifahrer zerstört, der Boden erodiert und kann durch eine große Wassermenge leicht transportiert werden. Für den Skitourismus werden außerdem große Waldflächen gerodet, um neue Skipisten anlegen zu können. Diese Waldflächen fehlen jetzt als Bannwald, der Boden ist nichtmehr verwurzelt, liegt frei und kann ebenfalls leicht erodieren und in Form von Erdrutschen oder Lawinen ins Tal gelangen. Als Antwort auf diese Ereignisse baut der Mensch vermehrt technische Schutzmaßnahmen. Dort wo diese Schutzmaßnahmen installiert werden, entsteht allerdings oftmals ein trügerisches Sicherheitsgefühl. Gebiete, die sonst gemieden würden, werden aufgrund dieser Schutzmaßnahmen besiedelt und es wird darauf vertraut, dass die Technik die Natur immer bewältigen kann (vgl. Bätzing 2005, S. 251).

Wenn die Schutzmaßnahmen wie beispielsweise Lawinenverbauungen dann ausfallen oder nicht greifen, ist der Schaden umso schlimmer. Bei der Planung solcher Schutzmaßnahmen sollte also auch immer das Worst-Case-Szenario, also ein Ausfall jeglicher technischer Schutzmaßnahmen, durchdacht werden. Daraus folgt, dass der Klimawandel keinesfalls durch technische Lösungen verhindert werden kann, es können lediglich schlimmere durch den Klimawandel verursachte Schäden verringert werden. Vielmehr muss die Ausgleichsfähigkeit der Natur gefördert werden. Dazu zählen die Sanierung der Bergwälder, die Renaturierung von Fließgewässern, die Einschränkung der Flächenversiegelung und vor allem der Rückzug des Menschen aus besonders gefährdeten Regionen (vgl. Cipra 2006, S. 56).

3.2.2 Auswirkungen auf die alpinen Gletscher

Es ist weltweit zu beobachten, dass sich die Gletscher im Zuge der Klimaerwärmung stetig zurückziehen. Die Tatsache, dass die alpinen Gletscher zusehends abschmelzen zeigt am herausragendsten den Einfluss des Klimawandels auf die Alpen. Seit Mitte des 19. Jahrhunderts hat die alpine Vergletscherung um die Hälfte abgenommen (vgl. Bundesministerium für Umwelt, Naturschutz und Reaktorsicherheit 2008, S. 46).

Wissenschaftler des Geographischen Instituts der Universität Zürich gaben Prognosen zur Entwicklung der alpinen Vergletscherung unter dem Einfluss der Klimaerwärmung in den kommenden 100 Jahren ab. Dabei ergaben Experimente, dass eine Erhöhung der Sommertemperatur von drei Grad die Vergletscherung um 80 Prozent verringern könnte, was dann lediglich zehn Prozent der Gletscherausdehnung vom Jahre 1850 entspräche. Bei einer Temperaturerhöhung von fünf Grad wären die Alpen im Prinzip eisfrei. Sollte die Temperatur um mehr als drei Grad ansteigen, so würden nur die größten und am höchsten gelegen Gletscher bis ins 22. Jahrhundert hinein überleben können. Die Folgen des prognostizierten Gletscherschwunds hätten gerade in dicht besiedelten Regionen der Alpen erheblichen Einfluss auf die dort lebenden Menschen und würde sich im hydrologischen Kreislauf, in der Wasserwirtschaft, im Tourismus und durch Naturgefahren zeigen (vgl. Süddeutsche 2006).

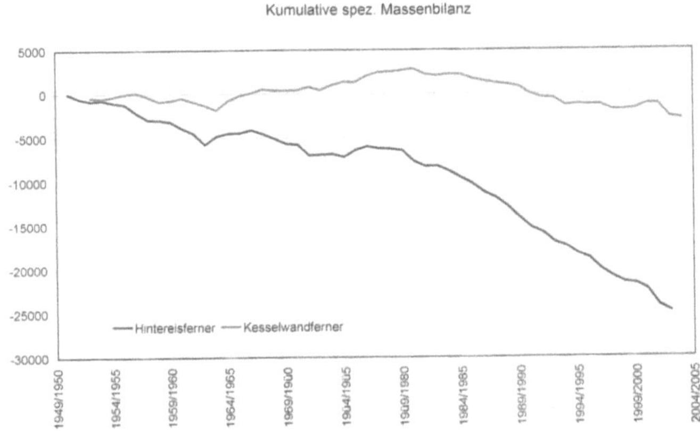

Abb. 6: Die kumulative Massenbilanz von Hintereisferner und Kesselwandferner in mm Wasseräquivalent. (Kuhn 2005, S. 36)

Einher mit dem Verlust von alpiner Gletscherbedeckung geht aber auch der erhebliche Verlust von glazialem Eisvolumen, d.h., dass die Gletscher bis zur Mitte des 21. Jahrhunderts ein Viertel ihrer Masse verlieren könnten und bis zum Ende des 21. Jahrhunderts gar 95 %.

Das Resultat daraus wäre, dass in Trockenzeiten mit erheblichen Abflussverlusten im Sommer und Frühherbst gerechnet werden muss, was gletschergespeiste Seen und Flüsse erheblich tangiert. Die Tatsache, dass 90 % der alpinen Gletscher kleiner als ein Quadratkilometer sind, führt zur Prognose, dass der Großteil der Alpengletscher in den nächsten Jahrzehnten verschwunden sein wird (vgl. Bundesministerium für Umwelt, Naturschutz und Reaktorsicherheit 2008, S. 47).

Die verschieden mächtigen Gletscher der Alpen reagieren aber höchst unterschiedlich auf Klimaschwankungen. Die großen Alpengletscher mit 5 km³ und mehr Volumen reagieren relativ langsam auf Klimaschwankungen. Der überwiegende Teil der Alpengletscher kann innerhalb von zehn Jahren mit einem Wechsel von Rückzug zu Vorstoß reagieren. Die meisten Gletscher haben eine Größe von 0,1 bis 0,2 km² und damit auch eine geringe Vertikalerstreckung, was dazu führt, dass diese Gletscher bei Klimaerwärmung sehr schnell abschmelzen. Die kleinste Gletscherart ist der Kargletscher, der die niedrigsten Höhen einnimmt. Man würde erwarten, dass diese Gletscher bei Klimaerwärmung am schnellsten abschmelzen, allerdings reagieren sie fast gar nicht auf Klimaänderungen. Der Grund dafür liegt darin, dass sie von der Akkumulation reguliert werden und nicht von der temperaturabhängigen Ablation. Die Kargletscher werden durch Lawinen und Verwehungen sehr rasch aufgefüllt, sodass sie von Temperatur und Strahlung unabhängig sind (vgl. Kuhn 2005, S. 39).

Abb. 7: Größenvergleiche des Vernagtferners von der Kreuzspitze. (Braun / Weber 2005, S. 43)

Wie vorher schon erwähnt wurde, haben die Gletscher eine große hydrologische Bedeutung. Wenn Niederschläge in einem trockenen Sommer über lange Zeit ausbleiben, so führen die meisten Alpenflüsse trotzdem noch gewaltige Wassermengen, was primär an den Alpengletschern liegt. In den letzten Jahrzehnten hat sich das Gleichgewicht zwischen Akkumulation von Schnee im Nährgebiet des Gletschers und Ablation, d.h. Abschmelzen von Eis im Zehrgebiet des Gletschers zugunsten der Ablation verschoben, wodurch vermehrt Schmelzwasser abfließen muss. Am Ende des 20. Jahrhunderts gab es in den Alpen insgesamt 5000 Gletscher mit einer Gesamtfläche von 2.500 km² und einem Gesamtvolumen von 125 km³. Als Beispiel für das Schmelzen eines alpinen Gletschers dient der Vernagtferner in den Ötztaler Alpen, bei dem sich die Menge des im Winter gefallenen Schnees praktisch nicht verändert hat, dafür hat sich aber die Menge des produzierten Schmelzwassers fast verdoppelt, wodurch sich der Gletscher kontinuierlich verkleinert. An heißen und wolkenarmen Sommertagen fließen die Gletscherbäche am stärksten ins Tal, weil die Sonnenstrahlung den Großteil der Energie liefert, die Eis und Schnee schmelzen lässt. Des Weiteren produziert ein schneefreier Gletscher mehr Schmelzwasser, was an den unterschiedlichen Albedoeigenschaften von Eis und Schnee liegt. Je heller eine Eis- oder Schneeoberfläche ist, desto weniger Energie empfängt sie. Dabei absorbiert eine dunkle und zerklüftete Eisoberfläche das bis zu Fünffache der Strahlungsenergie wie eine glatte Neuschneeauflage. Dies bedeutet, dass sich das Abschmelzen eines schneebedeckten Gletschers erheblich verzögert. Liegt das Gletschereis jedoch frei, so können bis zu 10 cm Eis an einem Sommertag schmelzen. Das Schmelzwasser fließt dann auf der Gletscheroberfläche ab, bevor es in die gletscherinneren Wasserwege kommt und schließlich durchs Gletschertor in den Gletscherbach gelangt (vgl. Braun / Weber 2005, S. 42 ff.).

Durch die Klimaerwärmung kommt es zu einer Häufung von durch Gletscher initiierte Überschwemmungen, welche etwa 50 % aller aktenkundigen Katastrophen ausmachen und dabei weitaus zerstörerischer sind als beispielsweise Lawinen. Dabei kann es zum Bruch von Wasserreservoirs kommen, die sich in, über oder am Rand von Gletschern befinden und oftmals durch Moränen gehalten werden. Der Bruch des Damms setzt dabei in dem Moment ein, wenn ein Gleichgewicht zwischen dem Druck des Wassers und dem Gewicht des Eises entsteht. Dann beginnt das Eis unter dem Eisdamm hindurch zu sickern und konzentriert sich auf die unter Druck stehenden Abflusskanäle. Somit kann sich die Durchflussmenge innerhalb von Sekunden verzehnfachen (vgl. Zyrd 2008, S. 53).

Insgesamt werden in den momentan heißen Sommern die Eisreserven der Alpen aufgebraucht, wodurch die Abflüsse aus dem Hochgebirge überdurchschnittlich hoch sind und das Austrocknen der Gebirgsflüsse verhindern. Nach den derzeitigen Prognosen, werden die alpinen Eismassen irgendwann aufgebraucht sein, wodurch die Wasserführung in Trockenzeiten nicht mehr durch Schmelzwasser unterstützt werden kann, wodurch die Wasserführung der Flüsse nur noch vom Niederschlag abhängig wäre. Es gibt Versuche, durch das Auflegen von Planen auf die Gletscher, das Abschmelzen der Eismassen zu verhindern, was durch eine Erhöhung der Reflexionseigenschaften geschafft werden soll. Diese als Snow-Farming bekannte Maßnahme hat aber praktisch keine Wirkung (vgl. Braun / Weber 2005, S. 45 ff.).

Zusammenfassend zu diesem Kapitel kann Folgendes festgehalten werden. Zum einen reagieren die Alpengletscher sehr empfindlich auf die Sommertemperaturen, Winterniederschlag, Windrichtung und die Häufigkeit von Schneefällen im Sommer. Außerdem ist damit zu rechnen, dass ein Anstieg der Mitteltemperatur um 1° C mit dem Verlust von 1 m Eisdicke pro Jahr einhergeht. Zudem ist zu konstatieren, dass angesichts eines Klimaszenarios von einem Temperaturanstieg von 3° C allein in den österreichischen Alpen Gletscher nur noch in Höhen über 3300 m vorkommen werden. Des Weiteren entfällt durch das Abschmelzen der Gletscher deren Kitfunktion für Berghänge, weshalb Steinschlag und Muren zunehmen werden. Zusätzlich dazu wird die ausgleichende Wirkung der Gletscher auf den alpinen Wasserkreislauf reduziert (vgl. Kuhn 2005, S. 39 f.).

3.2.3 Auswirkungen auf den Tourismus

Die vorher genannten Auswirkungen des Klimawandels haben auch einen starken Einfluss auf den, wirtschaftlich wichtigen, Alpentourismus. Durch die Erhöhung der Temperatur sinken auch die Frosttage in den Alpen und damit auch die Möglichkeit Wintersport zu betreiben.

Der Schneefall in den Alpen ist in großem Maße abhängig von den klimatischen Strömungen über dem Nordatlantik. Dadurch, dass immer mehr Niederschlag in den Wintermonaten als Regen anstatt Schnee fällt, kommt es zu einem erheblichen Rückgang der Schneedecke in den Alpen unter einer Höhe von 650 m. In Bayern und Baden-Württemberg kam es in der zweiten Hälfte des 20. Jahrhunderts zu einem Rückgang der Schneedeckendauer in Lagen unter 300 m von 30 bis 40 Prozent. Allerdings wird dieser Trend mit zunehmender Geländehöhe natürlich abgeschwächt. Zusammenfassend wird prognostiziert, dass sich die Schneefallgrenze pro 1° C Erwärmung um 150 m nach oben verlagern wird. Zudem wird bei einer Erwärmung von 1 Grad die Schneedeckendauer um mehrere Wochen verkürzt werden. Außerdem wird angesichts eines prognostizierten Temperaturanstiegs von 4° C von 1971 bis 2100 zu einem Rückgang des Schneevolumens um 90% auf 1000 m, 50% auf 2000 m und

35% auf 3000 m kommen, was automatisch auch zu einer erheblichen Verkürzung der Schneesaison in den verschiedenen Höhenlagen führt (vgl. Bundesministerium für Umwelt, Naturschutz und Reaktorsicherheit 2008, S. 17 f.).

Dazu kommt, dass der der Niederschlag eher abnimmt, besonders in Frühjahr und Spätherbst, was dazu führt, dass die Wintersaison noch weiter verkürzt wird. Aufgrund all dieser Faktoren werden die Tage mit Schneebedeckung in den Alpen immer weniger. Abbildung 4 zeigt einen möglichen Rückgang der Tage mit Schneebedeckung in der Alpenregion. Hierbei sind nur noch Lagen über 2.000 Meter mehr als 90 Tage mit Schnee bedeckt. Für viele heutige Wintersportorte würde dies in Zukunft das Aus bedeuten (vgl. Seiler 2006, S. 32).

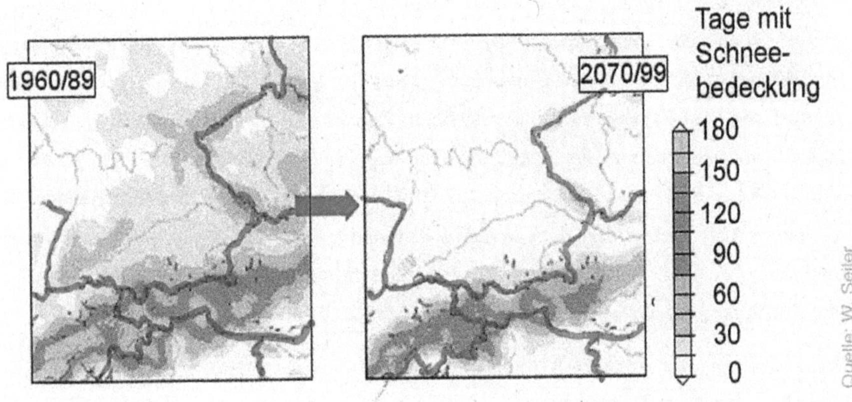

Abb. 8: Tage mit Schneebedeckung in den Perioden 1960/89 und 2070/99 im Vergleich (Seiler 2006, S. 32)

Schon jetzt fällt es immer mehr Skigebieten schwer Schneesicherheit zu wahren. Von Schneesicherheit spricht man wenn an 100 Tagen im Jahr in sieben von zehn Wintern Skibetrieb gewährleistet ist. Das ist der Fall, wenn die Schneehöhe zwischen 20 – 25 cm beträgt (vgl. Kromp-Kolb 2006, S. 105).

Laut eines Artikels der ch-Forschung würde sich dies in der Schweiz in wie folgt entwickeln: *„Mit dieser Definition können heute 85 Prozent der Skigebiete als schneesicher bezeichnet werden. Steigt die Untergrenze der Schneesicherheit auf 1500 Meter, wären es noch 63 Prozent der Skigebiete, bei einem Anstieg auf 1800 Meter nur noch 44 Prozent."* (ch-Forschung 2003).

Abb. 9: Schneekanone. (Techno Alpin 2012)

Demnach haben also nur Skigebiete, die über 2.000 Meter liegen, eine Zukunft. Die Skiliftbetreiber müssen sich an diese neuen Bedingungen anpassen. Bisherige Anpassungsmethoden sind eher kurzsichtig. Beispielsweise der Einsatz von Schneekanonen. Kunstschnee kann ab einer Temperatur von -2° C, bzw. sogar ab 0° C verwendet werden (vgl. Kromp-Kolb 2006, S. 107).

Durch Hinzufügen von chemischen Mitteln kann künstliche Beschneiung auch bei über 0° C angewendet werden, diese Mittel sind jedoch in weiten Teilen der Alpen verboten. Aber selbst Tage, an denen die Temperatur eine künstliche Beschneiung zulässt, werden immer geringer. Dazu kommt, dass eine enorme Energie aufgewendet werden muss um Kunstschnee zu erzeugen. Dabei ist fraglich wie lange diese teure Energieverschwendung wirtschaftlich noch rentabel ist. Und trotzdem investieren die Liftbetreiber immer mehr Geld in teure Beschneiungsanlagen. In Österreich wurden 1994/95 34 Mio. Euro und 2002/03 128 Mio. Euro in Beschneiungsanlagen investiert, wobei die Tendenz weiterhin steigt (vgl. Baumgartner 2006, S. 116).

Ein weißes Band, wie in Abbildung 10 zu sehen ist, in einer sonst grünen Landschaft ist auch nicht besonders attraktiv für Touristen, denn diese wollen das Gesamterlebnis einer verschneiten Berglandschaft. Ein Ausweichen in höher gelegene Gebiete und eine bessere Planung von neuen Skigebieten ist unausweichlich. Dabei sollten auch Exposition der Hänge mit beachtet werden, denn Hänge die den ganzen Tag in der Sonne liegen sind zwar angenehm für Touristen, doch wird der Schnee schneller abtauen als auf schattigeren Hängen. Auf weite Sicht müssen sich die touristischen Akteure nach Alternativlösungen umsehen. Bis jetzt gibt es diese Alternativen zum alpinen Skifahren in befriedigendem Maße im Winter aber kaum. Einige vorhandene Angebote sind beispielsweise Schneeschuhwandern, Hunde- oder Pferdeschlittenfahrten oder Snowtubing. Diese Angebote sind allerdings entweder auch auf Schnee angewiesen oder sind von den Veranstaltern lediglich als Notprogramm gedacht, wenn zu wenig Schnee zum Skifahren liegt. Es ist außerdem fragwürdig ob diese Programme genauso attraktiv und hoch frequentiert sind wie das alpine Skifahren. Gegenüber dem Wintertourismus könnte der Sommertourismus in den Alpen allgemein von dem Klimawandel profitieren. Höhere Temperaturen locken mehr Touristen, wobei der Sommer in südlichen Urlaubsländern wie Italien wegen steigenden Temperaturen schon zu heiß sein könnte. Hier eignen sich die Alpen als neues, nicht ganz so heißes, Urlaubsziel. Zudem kann die Sommersaison, durch die Erhöhung der Temperaturen in Herbst und Frühling ausgedehnt werden (vgl. ebd., S. 119 ff.).

Abb. 10: Attraktives Skifahren? (Hülser 2011, S. 59)

4. Fazit

Zum Schluss der vorliegenden Arbeit bleibt nur noch die dargestellten Ergebnisse stichhaltig zusammen zu fassen. Der Klimawandel ist präsent auf der ganzen Welt, in Europa, in Deutschland und ganz besonders im Hochgebirge Alpen. Der Klimawandel hat extreme Auswirkungen, die in den Alpen verstärkt auftreten, was das Leben von Flora, Fauna und schließlich den Menschen in erheblichem Maße.

Es werden trockene Sommer und feuchte Winter folgen, wobei die Mitteltemperaturen stetig ansteigen werden, was durch den vermehrten Ausstoß von Treibhausgasen anthropogen bedingt ist.

Zukünftig müssen wir uns vermehrt mit Wetterextremen wie Dürreperioden oder heftigen Starkniederschlägen auseinandersetzen, die wiederum die Landwirtschaft in den Alpen beeinflussen und Ernteausfälle durch Trockenheit oder Bodenerosion bedingen. Flora und Fauna beginnen zu wandern, was auch zur Folge hat, dass bestimmte endemische Arten verdrängt werden und schließlich aussterben. Die wachsende sommerliche Trockenheit wird zur Erhöhung des Waldbrandrisikos führen. Generell nimmt die Rate von Naturkatastrophen zu. Murabgänge, Lawinenabgänge und Hochwasser werden öfter Thema in den Medien sein.

Zudem ist noch der vermehrte alpine Gletscherrückgang zu erwähnen, der durch die steigende Menge an Schmelzwasser die Abflussregimes der Alpenflüsse enorm verändert und die Ausgleichsfunktion der Gletscher im Wasserhaushalt verringert.

Außerdem hat die Klimaerwärmung großen Einfluss auf den sehr wertvollen Alpentourismus, der sehr viele Bewohner der Alpenregion beschäftigt. Die Verlagerung der Schneegrenze, der Verringerung der Schneesicherheit, die verringerte Anzahl an Frosttagen und die abnehmende Schneebedeckung führen dazu, dass sich die verschiedenen touristischen Akteure auf die neuen Gegebenheiten einstellen und ihr Angebot gegebenenfalls abändern müssen, um im Tourismus weiterhin erfolgreich sein zu können. Der Sommertourismus in den Alpen zählt im Gegensatz zum Wintertourismus zum Gewinner des Klimawandels, was durch die Verlängerung der Sommersaison erreicht wird.

Insgesamt wird der Klimawandel in den Alpen erheblichen finanziellen Schaden verursachen, weshalb die Menschen dieser Region auch ihren Teil dazu beitragen sollten, dass der Ausstoß von Treibhausgasen zusehends reduziert werden sollte um den Erholungs- und Lebensraum Alpen auch in Zukunft noch genießen zu können.

Quellenverzeichnis

* Bätzing, W. (2005): Die Alpen. Geschichte und Zukunft einer europäischen Kulturlandschaft. München

* Baumgartner, C. (2006): Technikglauben und Fantasielosigkeit? Lokale Anpassungsstrategien der Tourismuswirtschaft an den Klimawandel. In: Fey, T. (Hrsg.) (2006): Klima-Wandel-Alpen. Tourismus und Raumplanung im Wetterstress. Cipra Tagungsband 23/2006. München. S. 116-123

* Bildungsserver Hamburg (2010): Abgrenzung der Alpen. Online im Internet. URL: http://bildungsserver.hamburg.de/contentblob/3113392/data/2011-klimawandel-alpen.pdf (aufgerufen am 26.04.2012)

* Braun, L. / Weber, M. (2005): Gletscher – Wasserkreislauf und Wasserspende. In: Slupetzky, H. (Hrsg.) (2005): Bedrohte Alpengletscher. Fachbeiträge des Österreichischen Alpenvereins. Serie: Alpine Raumordnung Nr. 27. Innsbruck. S. 41-46

* Bundesministerium für Umwelt, Naturschutz und Reaktorsicherheit (Hrsg.) (2008): Klimawandel in den Alpen. Fakten-Folgen-Anpassung. Online im Internet. URL: http://www.alpconv.org/en/publications/other/Documents/klimawandel_bmu_de.pdf? AspxAutoDetectCookieSupport=1 (aufgerufen am 26.04.2012)

* Ch-Forschung (2003): Wie wirkt sich die Klimaerwärmung auf den Wintertourismus aus? Online im Internet. URL: http://www.ch-forschung.ch/index.php?artid=182 (aufgerufen am 26.04.2012)

* Cipra Alpenkonvention (2007): Alpen. Online im Internet. URL: http://www.cipra.org/de/alpenkonvention/alpen. (aufgerufen am 27.04.2012)

* Coenraads, R. (2007): Geologica. Elanora Heights, Australien

* Diercke online (2011): Karte der Alpen. Online im Internet. URL: http://www.diercke.at/kartenansicht.xtp?artId=978-3-7034-2122-8&seite=14&id=15521&kartennr=1 (aufgerufen am 27.04.2012)

* Erschbamer, B. (2006): Klimawandel – Risiko für alpine Pflanzen? In: Psenner, R. / Lackner, R. (Hrsg.) (2006): Die Alpen im Jahr 2020. Innsbruck. S. 15-22

* Gebhardt, H. / Glaser, R. / Radtke, U. / Reuber, P. (Hrsg.) (2007): Geographie. Physische Geographie und Humangeographie. Heidelberg

- Gletscherarchiv (2012): Aletschgletscher. Online im Internet. URL: http://www.gletscherarchiv.de/impressum?DokuWiki=7906881d04aebf3f238771dfd0 45969e (aufgerufen am 25.04.2012)

- Hammer, S. (2009): Nutzungspotential der Alpen. Norderstedt

- Hülser, E. (2011): Das bedrohte Paradies Alpen. München.

- Hutter, C.-P. / Link, F.-G. (2006): Warnsignal Klimawandel: Wird Wasser knapper? Lange Trockenperioden und die Auswirkungen auf Natur, Land- und Forstwirtschaft, Wasserversorgung, Gewässer und Wirtschaft. Stuttgart

- IPCC (2012): Renewable Energy Sources and Climate Change Mitigation.Special Report of the Intergovernmental Panel on Climate Change. Online im Internet. URL: http://srren.ipcc-wg3.de/report/IPCC_SRREN_Full_Report.pdf (aufgerufen am 27.04.2012)

- Job, H. (2012): Vorlesung „Die Alpen –Natur-und Kulturlandschaft im Spannungsfeld unterschiedlicher Raumfunktionen". Online im Internet. URL: http://www.geographie.uni-wuerzburg.de/fileadmin/09010000/studium/materialien/0808_sose/vl_alpen/02_Naturr aum_Alpen_30_04_2008.pdf (aufgerufen am 27.04.2012)

- Kromp-Kolb, Helga: Klimawandel und Wintertourismus. In: Fey, T. (Hrsg.) (2006): Klima-Wandel-Alpen. Tourismus und Raumplanung im Wetterstress. Cipra Tagungsband 23/2006. München. S. 102-109

- Kuhn, M. (2005): Gletscher im Klimawandel. In: Slupetzky, H. (Hrsg.) (2005): Bedrohte Alpengletscher. Fachbeiträge des Österreichischen Alpenvereins. Serie: Alpine Raumordnung Nr. 27. Innsbruck. S. 35-40

- Mahammaadzadeh, M. / Biebeler, H. / Bardt, H. (Hrsg.) (2009): Klimaschutz und Anpassung an die Klimafolgen. Strategien, Maßnahmen und Anwendungsbeispiele. Köln

- Mahammadzadeh, M. / Biebeler, H. (2009): Anpassung an den Klimawandel. Köln

- Pfiffner, A. (2009): Geologie der Alpen. Bern, Stuttgart, Wien

- Schönwiese, Christian-Dietrich: Klimatologie. 3. Auflage. Stuttgart. 2008.

- Seiler, W. (2006): Morgen entscheidet sich heute - Auswirkungen des Klimawandels auf den Alpenraum. In: Fey, T. (Hrsg.) (2006): Klima-Wandel-Alpen. Tourismus und Raumplanung im Wetterstress. Cipra Tagungsband 23/2006. München. S. 26-35

- Süddeutsche (2006): Klimawandel in den Alpen. Eisfrei in hundert Jahren. Online im Internet. URL: http://www.sueddeutsche.de/wissen/klimawandel-in-den-alpen-eisfrei-in-hundert-jahren-1.629634 (aufgerufen am 26.04.2012)
- Techno Alpin (2012): Schneekanone. Online im Internet. URL: http://www.old.technoalpin.eu/smartedit/images/zubehoer/technoalpin-piano-arm.jpg (aufgerufen am 27.04.2012)
- Zyrd, A. (2008): Eine kleine Geschichte der Gletscher. Die Alpengletscher im Klimawandel. Bern, Stuttgart, Wien

Bild auf Titelseite:

Static (2012): Klimawandel. Online im Internet. URL: http://static.pnn.de/fm/61/thumbnails/heprodimagesfotos826200911284_dsc_6698.jpg.3597594.jpg (aufgerufen am 27.04.2012)